水生生物

3D

图 鉴

（第一辑）

顾党恩　沈禹羲 ◎ 主编

SHUISHENG SHENGWU 3D TUJIAN

（DI-YI JI）

中国农业出版社

农村读物出版社

北 京

图书在版编目（CIP）数据

水生生物3D图鉴. 第一辑 / 顾党恩，沈禹羲主编
. —北京：中国农业出版社，2023.6
　　ISBN 978-7-109-30849-7

　　Ⅰ.①水… 　Ⅱ.①顾… ②沈… 　Ⅲ.①水生生物—图
集　Ⅳ.①Q17-64

中国国家版本馆CIP数据核字（2023）第116218号

中国农业出版社出版
地址：北京市朝阳区麦子店街18号楼
邮编：100125
责任编辑：王金环
版式设计：小荷博睿　责任校对：吴丽婷
印刷：北京中科印刷有限公司
版次：2023年6月第1版
印次：2023年6月北京第1次印刷
发行：新华书店北京发行所
开本：787mm×1092mm　1/16
印张：9
字数：225千字
定价：128.00元

本书编委会

主　编：顾党恩　沈禹羲

副主编：贾　涛　罗　刚　余梵冬

编　委：黄宏坤　胡隐昌　丁兆宸　王宇晨

　　　　安长廷　汪学杰　徐　猛　韦　慧

　　　　房　苗　舒　璐

　　水是生命之源，人类对水和水中的精灵们具有与生俱来的情感寄托。以水生生物为主体对象的水产养殖、捕捞渔业、休闲垂钓、观赏渔业等更是与人类的生产和生活密切相关。尽管如此，由于水生生物种类繁多，其生存环境隐蔽于水中，且新发现的物种和外来引进物种不断涌现，对于绝大多数人来说，水生生物的鉴定识别都存在或多或少的困难。如果能以更直观的方式促进大家对身边水生生物的认识，不仅能给生产生活带来一定的便利，也能够为濒危水生生物的保护和外来水生生物的防控提供帮助。

　　随着现代科技的发展和进步，以往靠手绘图的水生动物图鉴，现在大部分已被以数码照片为主的图鉴取代了。虽然彩色照片能以更直观的方式为公众认识水生生物提供便利，但是技术进步是永无止境的，一些新的技术虽然还不是很完善，却能给认识生物提供新的视角。在此背景下，我们做了一些新的尝试，通过运用照片拼接贴图、Maya 建模后期渲染等全新的 3D 技术，以立体的方式展示我们身边最常见的水生生物，包括常见的养殖食用鱼类、常见的渔业捕捞和垂钓品种、常见的外来养殖和观赏鱼类等。

　　《水生生物 3D 图鉴（第一辑）》是"水生生物 3D 图鉴系列丛书"的第一辑，共分为 8 个章节，包括 8 个大类 104 个种（亚种、品种）、116 组图片。第一部分是大宗淡水鱼及其近似种、选育种，包括青鱼、草鱼、鲢、鳙等 16 种（品种）16 组图片。大宗淡水鱼是我国水产养殖业中最基本、最重要的养殖对象，早已与我国本土水域生态环境和饮食文化水乳交融，是生活中非常常见的种类。第二部分是常见本土特色养殖鱼类，共 6 种 7 组图片，包括鳜、黄颡鱼、乌鳢等。第三部分是外来养殖鱼类，共 17 种 18 组图片。如何在充分利用这些物种保障粮食安全的前提下，防范其可能存在的风险，是渔业高质量发展面临的重要议题。第四部分是外来观赏鱼类，共 14 种 17 组图片，部分物种如豹纹翼甲鲶由于不合理的投放和丢弃已经形成大范围的入侵，这类物种需要重点防范。第五部分是一些典型的珍稀和濒危鱼类，共 6 种 6 组图片，除了对鳇、岩原鲤等进行了展示，也对大家熟知但是已经很难见到的白鲟、鲸进行了复原。第六部分是土著经济物种，共20种21组图片，主要针对常见的渔业捕捞对象和长江的垂钓对象进行了介绍。第七部分是小型原生鱼类，共15种21组图片，主要介绍了大鳍鱊、棒花鱼、黑鳍鳈等常见的具有观赏价值的小型鱼类。第八部分是河口和海洋鱼类，共10种10组图片，主要介绍鲻、鮻、中国花鲈等常见种类。

　　3D技术应用于水生生物图鉴是一种新的尝试，现有技术还尚未完全成熟，敬请读者为本书提出宝贵建议。在种类选择上，本书未刻意追求特定的品种，除个别珍稀濒危物种外，所有的材料均取自作者野外垂钓、野外调查中常见的种类，以及身边菜市场、餐馆、水族市场的常见种类，因此书中的物种姑且可以算作常见的水生生物。希望本书能为读者朋友认识身边的水生生物提供一点点有用的线索。

　　本书的出版得到了国家大宗淡水鱼产业技术体系（CARS-45）的支持，也得到了农业农村部生态与资源保护总站、全国水产技术推广总站、广东省农业农村厅等的指导和支持，在此表示感谢！也对中国农业出版社编辑王金环老师在编写和出版过程中的帮助表示感谢！

编　者

2023年5月

目 录
Contents

一　大宗淡水鱼及其近似种、选育种

青鱼

学名 *Mylopharyngodon piceus*

分类地位 鲤形目，鲤科，青鱼属

所属类别 大宗淡水鱼及其近似种、选育种

草鱼

学名 *Ctenopharyngodon idellus*

分类地位 鲤形目，鲤科，草鱼属

所属类别 大宗淡水鱼及其近似种、选育种

鲢

学名 *Hypophthalmichthys molitrix*

分类地位 鲤形目，鲤科，鲢属

所属类别 大宗淡水鱼及其近似种、选育种

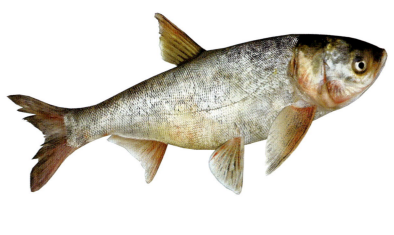

鳙

学名 *Aristichthys nobilis*

分类地位 鲤形目，鲤科，鳙属

所属类别 大宗淡水鱼及其近似种、选育种

鲤

学名 *Cyprinus carpio*

分类地位 鲤形目，鲤科，鲤属

所属类别 大宗淡水鱼及其近似种、选育种

鲫

学名 *Carassius auratus*

分类地位 鲤形目，鲤科，鲫属

所属类别 大宗淡水鱼及其近似种、选育种

团头鲂

学名 *Megalobrama amblycephala*

分类地位 鲤形目，鲤科，鲂属

所属类别 大宗淡水鱼及其近似种、选育种

鲂（三角鲂）

学名 *Megalobrama skolkovii*

分类地位 鲤形目，鲤科，鲂属

所属类别 大宗淡水鱼及其近似种、选育种

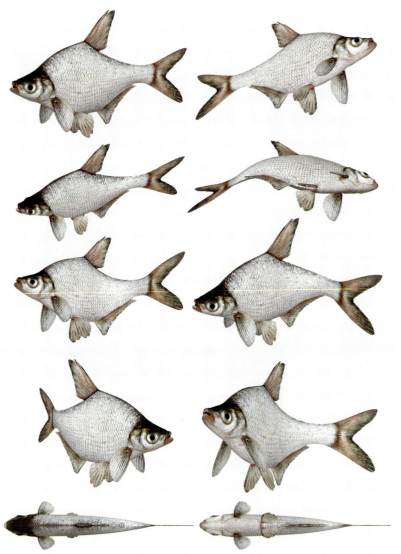

鳊

学名 *Parabramis pekinensis*

分类地位 鲤形目，鲤科，鳊属

所属类别 大宗淡水鱼及其近似种、选育种

金鱼

学名 *Carassius auratus*

分类地位 鲤形目，鲤科，鲫属

所属类别 大宗淡水鱼及其近似种、选育种

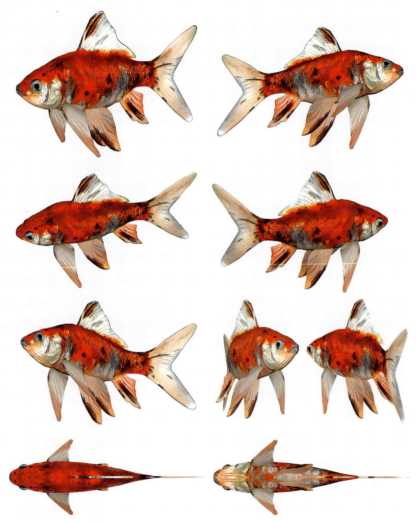

异育银鲫 (中科 3 号)

学名 *Carassius auratus gibelio* var.

分类地位 鲤形目，鲤科，鲫属

所属类别 大宗淡水鱼及其近似种、选育种

异育银鲫（中科 5 号）

学名 *Carassius auratus gibelio* var.

分类地位 鲤形目，鲤科，鲫属

所属类别 大宗淡水鱼及其近似种、选育种

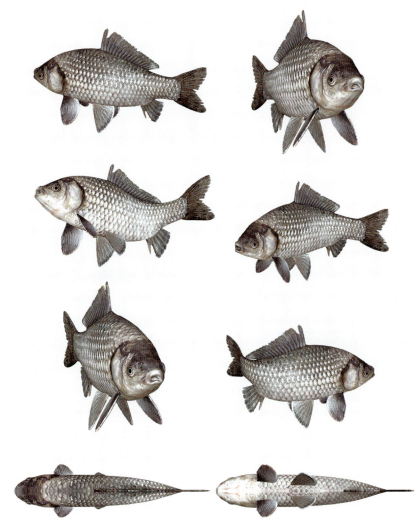

天津黄金鲫

学名 *Carassius auratus*

分类地位 鲤形目，鲤科

所属类别 大宗淡水鱼及其近似种、选育种（杂交种）

红鲫

学名 *Carassius auratus*

分类地位 鲤形目，鲤科，鲫属

所属类别 大宗淡水鱼及其近似种、选育种

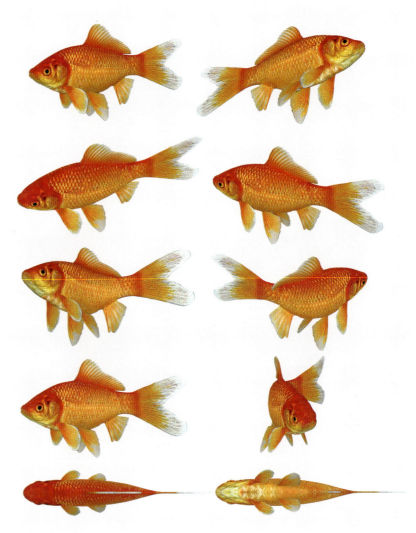

湘云鲫

学名 *Carassius auratus* Triploid

分类地位 鲤形目，鲤科

所属类别 大宗淡水鱼及其近似种、选育种（杂交种）

禾花鲤

学名 *Cyprinus carpio*

分类地位 鲤形目，鲤科，鲤属

所属类别 大宗淡水鱼及其近似种、选育种

二　常见本土特色养殖鱼类

鲇（幼鱼）

学名 *Silurus asotus*

分类地位 鲇形目，鲇科，鲇属

所属类别 本土特色养殖鱼类

鲇（成鱼）

学名 *Silurus asotus*

分类地位 鲇形目，鲇科，鲇属

所属类别 本土特色养殖鱼类

大口鲶（幼鱼）

学名 *Silurus meridionalis*

分类地位 鲶形目，鲶科，鲶属

所属类别 本土特色养殖鱼类

黄颡鱼

学名 *Pelteobagrus fulvidraco*

分类地位 鲇形目，鲿科，黄颡鱼属

所属类别 本土特色养殖鱼类

乌鳢

学名 *Channa argus*

分类地位 鲈形目，鳢科，鳢属

所属类别 本土特色养殖鱼类

鲮

学名 *Cirrhinus molitorella*

分类地位 鲤形目，鲤科，鲮属

所属类别 本土特色养殖鱼类

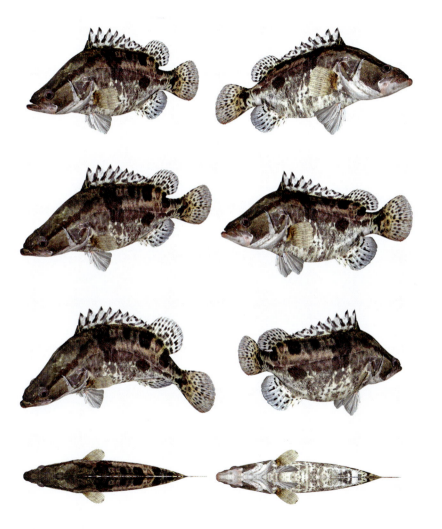

鳜

学名 *Siniperca chuatsi*

分类地位 鲈形目，鮨鲈科，鳜属

所属类别 本土特色养殖鱼类

三　外来养殖鱼类

大口黑鲈

学名 *Micropterus salmoides*

分类地位 鲈形目，太阳鱼科，黑鲈属

所属类别 外来养殖鱼类

齐氏罗非鱼

学名 *Coptodon zillii*

分类地位 鲈形目，慈鲷科，非鲫属

所属类别 外来养殖鱼类

尼罗罗非鱼

学名 *Oreochromis niloticus*

分类地位 鲈形目，慈鲷科，口孵非鲫属

所属类别 外来养殖鱼类

云斑尖塘鳢

学名 *Oxyeleotris marmorata*

分类地位 鲈形目，塘鳢科，尖塘鳢属

所属类别 外来养殖鱼类

条纹鲮脂鲤

学名 *Prochilodus lineatus*

分类地位 脂鲤目，鲮脂鲤科，鲮脂鲤属

所属类别 外来养殖鱼类

麦瑞加拉鲮

学名 *Cirrhinus mrigala*

分类地位 鲤形目，鲤科，鲮属

所属类别 外来养殖鱼类

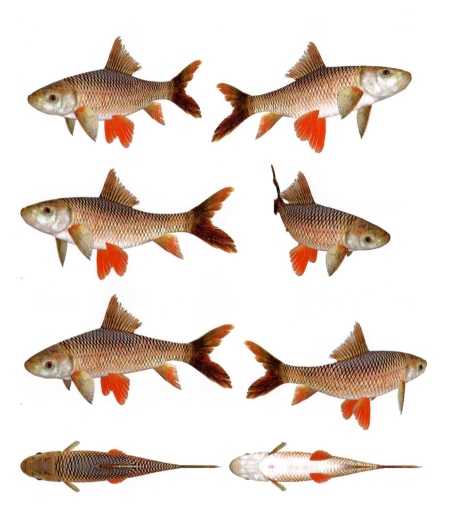

露斯塔野鲮

学名 *Labeo rohita*

分类地位 鲤形目，鲤科，野鲮属

所属类别 外来养殖鱼类

短盖巨脂鲤

学名 *Piaractus brachypomus*

分类地位 脂鲤目，脂鲤科，肥脂鲤属

所属类别 外来养殖鱼类

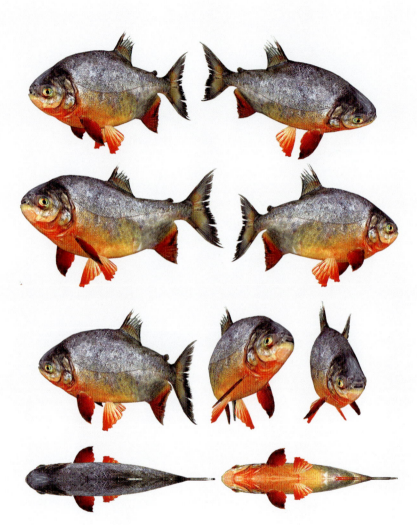

革胡子鲇

学名 *Clarias lazera*

分类地位 鲇形目，胡子鲇科，胡子鲇属

所属类别 外来养殖鱼类

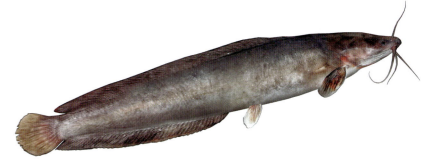

斑点叉尾鮰

学名 *Ictalurus punctatus*

分类地位 鲇形目，北美鲇科，真鮰属

所属类别 外来养殖鱼类

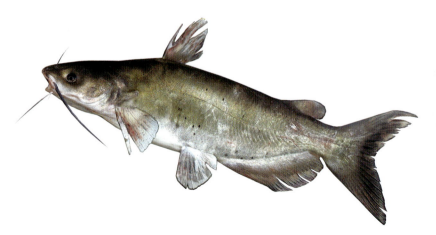

低眼无齿鲃

学名 *Pangasianodon hypophthalmus*

分类地位 鲇形目，鲃科，无齿鲃属

所属类别 外来养殖鱼类

丁鱥

学名 *Tinca tinca*

分类地位 鲤形目，鲤科，丁鱥属

所属类别 外来养殖鱼类

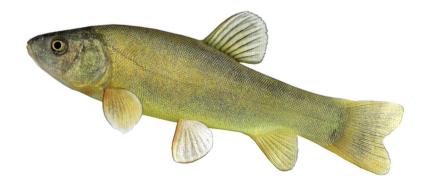

云鲥

学名 *Tenualosa ilisha*

分类地位 鲱形目，鲱科，鲥属

所属类别 外来养殖鱼类

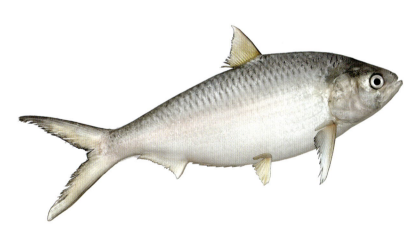

043

圆鳍鱼

学名 *Cyclopterus lumpus*

分类地位 鲉形目，圆鳍鱼科，圆鳍鱼属

所属类别 外来养殖鱼类

匙吻鲟

学名 *Polyodon spathula*

分类地位 鲟形目，匙吻鲟科，匙吻鲟属

所属类别 外来养殖鱼类

西杂（杂交鲟）（幼鱼）

学名 *Acipenser baeri*（西伯利亚鲟）× *Acipenser schrencki*（施氏鲟）

分类地位 鲟形目，鲟科，鲟属

所属类别 外来养殖鱼类

西杂（杂交鲟）（成鱼）

学名 *Acipenser baeri*（西伯利亚鲟）× *Acipenser schrencki*（施氏鲟）

分类地位 鲟形目，鲟科，鲟属

所属类别 外来养殖鱼类

散鳞镜鲤

学名 *Cyprinus carpio* var. *specularis*

分类地位 鲤形目，鲤科，鲤属

所属类别 外来养殖鱼类

四　外来观赏鱼类

豹纹翼甲鲇

学名 *Pterygoplichthys pardalis*

分类地位 鲇形目，甲鲇科，下口鲇属

所属类别 外来观赏鱼类

斯氏锯腹脂鲤

学名 *Myleus schomburgkii*

分类地位 脂鲤目，脂鲤科，锯腹脂鲤属

所属类别 外来观赏鱼类

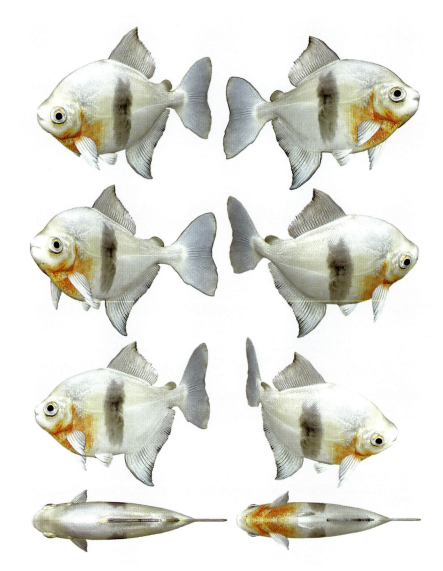

纳氏臀点脂鲤

学名 *Pygocentrus nattereri*

分类地位 脂鲤目，锯脂鲤科，臀点脂鲤属

所属类别 外来观赏鱼类

匠丽体鱼

学名 *Herichthys carpintis*

分类地位 鲈形目，慈鲷科，得克萨斯丽鱼属

所属类别 外来观赏鱼类

双孔鱼（金苔鼠）（1）

学名 *Gyrinocheilus aymonieri*

分类地位 鲤形目，双孔鱼科，双孔鱼属

所属类别 外来观赏鱼类

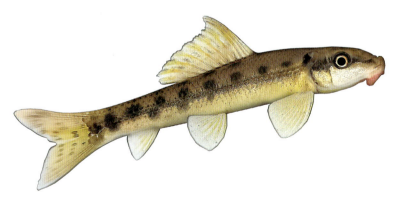

双孔鱼（金苔鼠）（2）

学名 *Gyrinocheilus aymonieri*

分类地位 鲤形目，双孔鱼科，双孔鱼属

所属类别 外来观赏鱼类

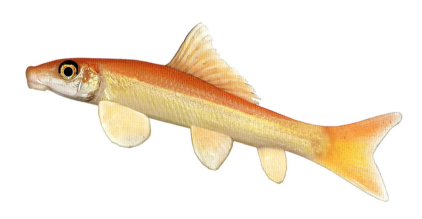

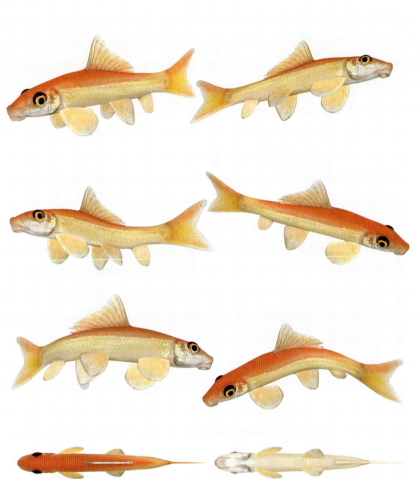

须唇角鱼

学名	*Epalzeorhynchos frenatus*
分类地位	鲤形目，鲤科，角鱼属
所属类别	外来观赏鱼类

线足鲈 (1)

学名 *Trichogaster trichopterus*

分类地位 鲈形目，丝足鲈科，线足鲈属

所属类别 外来观赏鱼类

线足鲈（2）

学名 *Trichogaster trichopterus*

分类地位 鲈形目，丝足鲈科，线足鲈属

所属类别 外来观赏鱼类

黑裙鱼

学名 *Gymnocorymbus ternetzi*

分类地位 脂鲤目，脂鲤科，裙鱼属

所属类别 外来观赏鱼类

倒游鲇

学名 *Synodontis nigriventris*

分类地位 鲇形目，倒立鲇科，歧须鮠属

所属类别 外来观赏鱼类

血鹦鹉

学名 *Amphilophus citrinellus*（红魔鬼）×

Cichlasoma synspilum（紫红火口）

分类地位 鲈形目，慈鲷科，双冠丽鱼属

所属类别 外来观赏鱼类

食蚊鱼

学名 *Gambusia affinis*

分类地位 鳉形目，胎鳉科，食蚊鱼属

所属类别 外来观赏鱼类

神仙鱼（1）

学名 *Pterophyllum altum*

分类地位 鲈形目，慈鲷科，神仙鱼属

所属类别 外来观赏鱼类

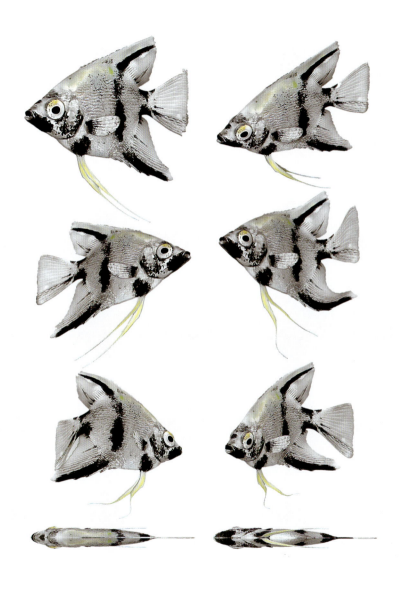

神仙鱼（2）

学名 *Pterophyllum altum*

分类地位 鲈形目，慈鲷科，神仙鱼属

所属类别 外来观赏鱼类

四带无须鲃

学名 *Puntius tetrazona*

分类地位 鲤形目，鲤科，无须鲃属

所属类别 外来观赏鱼类

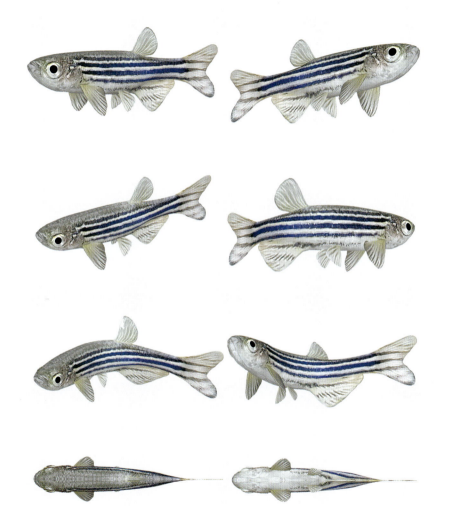

斑马鲥

学名 *Brachydanio rerio* var.

分类地位 鲤形目，鲤科，鲥属

所属类别 外来观赏鱼类

05

五　珍稀和濒危鱼类

长吻拟鲿（长吻鮠）

学名 *Leiocassis longirostris*

分类地位 鲇形目，鲿科，鮠属

所属类别 珍稀和濒危鱼类

岩原鲤

学名 *Procypris rabaudi*

分类地位 鲤形目，鲤科，原鲤属

所属类别 珍稀和濒危鱼类

鳡

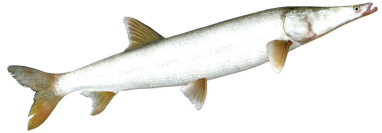

学名	*Luciobrama macrocephalus*
分类地位	鲤形目，鲤科，鳡属
所属类别	珍稀和濒危鱼类

白鲟

| 学名 | *Psephurus gladius* |

学名 *Psephurus gladius*

分类地位 鲟形目，匙吻鲟科，白鲟属

所属类别 珍稀和濒危鱼类

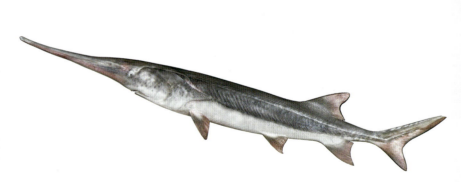

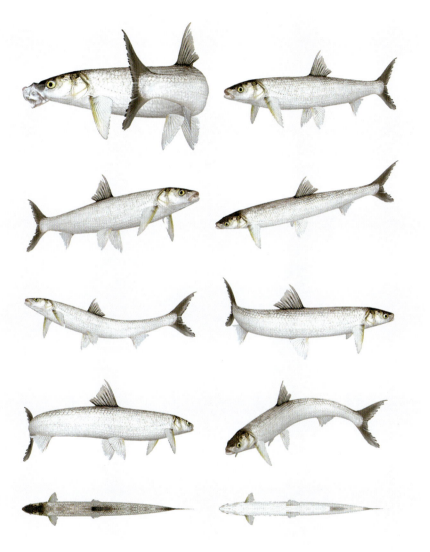

鳤

学名 *Ochetobibus elongatus*

分类地位 鲤形目，鲤科，鳤属

所属类别 珍稀和濒危鱼类

胭脂鱼

学名 *Myxocyprinus asiaticus*

分类地位 鲤形目，胭脂鱼科，胭脂鱼属

所属类别 珍稀和濒危鱼类

六　土著经济物种

鳘

学名 *Hemiculter leucisculus*

分类地位 鲤形目，鲤科，鳘属

所属类别 土著捕捞经济物种

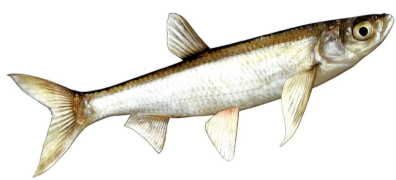

赤眼鳟

学名 *Squaliobarbus curriculus*

分类地位 鲤形目，鲤科，赤眼鳟属

所属类别 土著捕捞经济物种

红鳍原鲌（封闭池塘个体）

 学名 *Cultrichthys erythropterus*

分类地位 鲤形目，鲤科，原鲌属

所属类别 土著捕捞经济物种

红鳍原鲌（江河个体）

学名 *Cultrichthys erythropterus*

分类地位 鲤形目，鲤科，原鲌属

所属类别 土著捕捞经济物种

蒙古鲌

学名 *Chanodichthys mongolicus*

分类地位 鲤形目，鲤科，红鳍鲌属

所属类别 土著捕捞经济物种

翘嘴鲌

学名 *Culter alburnus*

分类地位 鲤形目，鲤科，鲌属

所属类别 土著捕捞经济物种

达氏红鳍鲌

学名 *Chanodichthys dabryi dairy*

分类地位 鲤形目，鲤科，红鳍鲌属

所属类别 土著捕捞经济物种

河川沙塘鳢

学名 *Odontobutis potamophila*

分类地位 鲈形目，沙塘鳢科，沙塘鳢属

所属类别 土著捕捞经济物种

086

贝氏鳘

学名	*Hemiculter bleekeri*
分类地位	鲤形目，鲤科，鳘属
所属类别	土著捕捞经济物种

银鲴

学名 *Xenocypris argentea*

分类地位 鲤形目，鲤科，鲴属

所属类别 土著捕捞经济物种

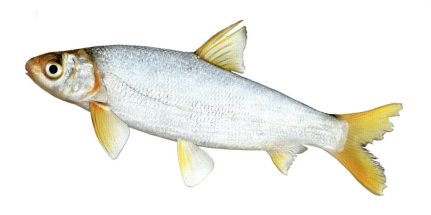

广东鲂

学名 *Megalobrama terminalis*

分类地位 鲤形目，鲤科，鲂属

所属类别 土著捕捞经济物种

似刺鳊鮈

学名 *Paracanthobrama guichenoti*

分类地位 鲤形目，鲤科，似刺鳊鮈属

所属类别 土著捕捞经济物种

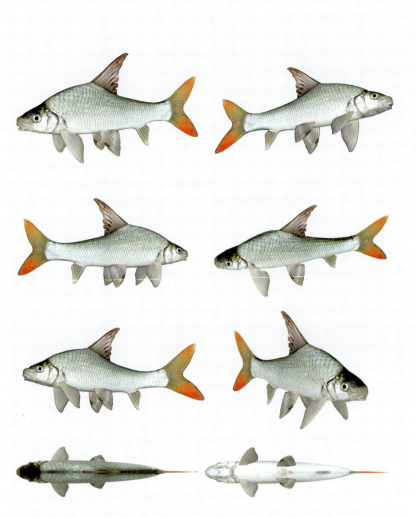

唇䱛

学名 *Hemibarbus labeo*

分类地位 鲤形目，鲤科，䱛属

所属类别 土著捕捞经济物种

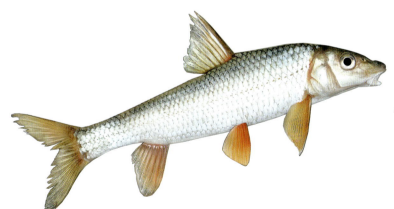

花鳕

学名 *Hemibarbus maculatus*

分类地位 鲤形目，鲤科，鳕属

所属类别 土著捕捞经济物种

银鮈

学名 *Squalidus argentatus*

分类地位 鲤形目，鲤科，银鮈属

所属类别 土著捕捞经济物种

鳡

学名 *Elopichthys bambusa*

分类地位 鲤形目，鲤科，鳡属

所属类别 土著捕捞经济物种

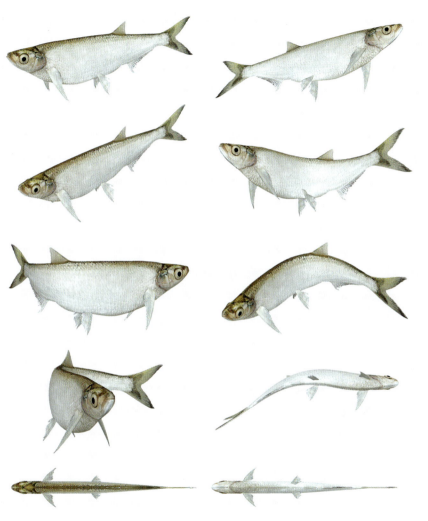

银飘鱼

| 学名 | *Pseudolaubuca sinensis* |

分类地位 鲤形目，鲤科，飘鱼属

所属类别 土著捕捞经济物种

似鲚

学名 *Toxabramis swinhonis*

分类地位 鲤形目，鲤科，似鲚属

所属类别 土著捕捞经济物种

似鳊

学名 *Pseudobrama simoni*

分类地位 鲤形目，鲤科，似鳊属

所属类别 土著捕捞经济物种

长须拟鲿

学名	*Pelteobagrus eupogon*
分类地位	鲇形目，鲿科，黄颡鱼属
所属类别	土著捕捞经济物种

光泽拟鲿

学名 *Pelteobaggrus nitidus*

分类地位 鲇形目，鲿科，黄颡鱼属

所属类别 土著捕捞经济物种

七　小型原生鱼类

大鳍鱊（雄）

学名 *Acheilognathus macropterus*

分类地位 鲤形目，鲤科，鱊属

所属类别 小型原生鱼类

大鳍鱊（雌）

学名 *Acheilognathus macropterus*

分类地位 鲤形目，鲤科，鱊属

所属类别 小型原生鱼类

高体鳑鲏

学名 *Rhodeus ocellatus*

分类地位 鲤形目，鲤科，鳑鲏属

所属类别 小型原生鱼类

中华鳑鲏

学名 *Rhodeus sinensis*

分类地位 鲤形目，鲤科，鳑鲏属

所属类别 小型原生鱼类

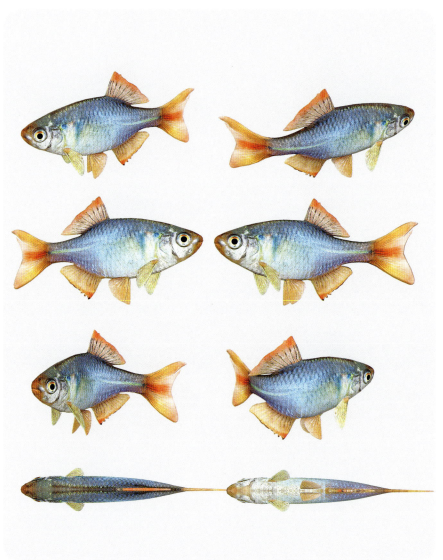

兴凯鱊（雄）

学名 *Acheilognathus chankaensis*

分类地位 鲤形目，鲤科，鱊属

所属类别 小型原生鱼类

马口鱼

Opsariichthys bidens

分类地位 鲤形目，鲤科，马口鱼属

所属类别 小型原生鱼类

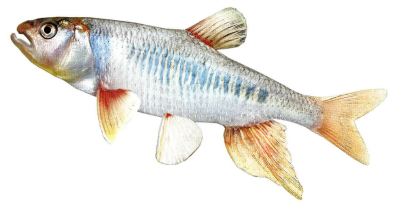

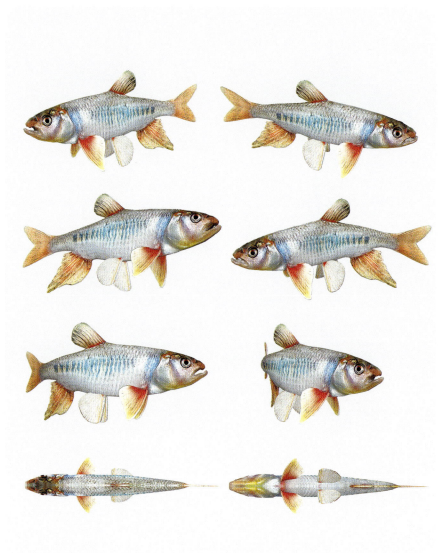

长鳍马口鱼

学名 *Opsariichthys evolans*

分类地位 鲤形目，鲤科，马口鱲属

所属类别 小型原生鱼类

麦穗鱼（雄）

学名 *Pseudorasbora parva*

分类地位 鲤形目，鲤科，麦穗鱼属

所属类别 小型原生鱼类

麦穗鱼（雌）

学名 *Pseudorasbora parva*

分类地位 鲤形目，鲤科，麦穗鱼属

所属类别 小型原生鱼类

棒花鱼（雄）

学名 *Abbottina rivularis*

分类地位 鲤形目，鲤科，棒花鱼属

所属类别 小型原生鱼类

棒花鱼（雌）

学名 *Abbottina rivularis*

分类地位 鲤形目，鲤科，棒花鱼属

所属类别 小型原生鱼类

黑鳍鳈（雄）

学名 *Sarcocheilichthys nigripinnis*

分类地位 鲤形目，鲤科，鳈属

所属类别 小型原生鱼类

黑鳍鳈（雌）

学名 *Sarcocheilichthys nigripinnis*

分类地位 鲤形目，鲤科，鳈属

所属类别 小型原生鱼类

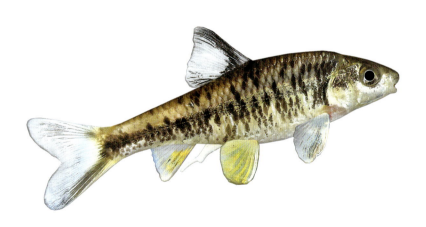

华鳈（雄）

学名 *Sarcocheilichthys sinensis*

分类地位 鲤形目，鲤科，鳈属

所属类别 小型原生鱼类

华鳈（雌）

学名 *Sarcocheilichthys sinensis*

分类地位 鲤形目，鲤科，鳈属

所属类别 小型原生鱼类

大眼华鳊

学名 *Sinibrama macrops*

分类地位 鲤形目，鲤科，华鳊属

所属类别 小型原生鱼类

北江光唇鱼

学名 *Acrossocheilus beijiangensis*

分类地位 鲤形目，鲤科，光唇鱼属

所属类别 小型原生鱼类

尖头塘鳢

Eleotris oxycephala

分类地位 鲈形目，塘鳢科，塘鳢属

所属类别 小型原生鱼类

子陵吻虾虎鱼

学名 *Rhinogobius giurinus*

分类地位 鲈形目，虾虎鱼科，吻虾虎鱼属

所属类别 小型原生鱼类

小黄黝鱼（雄）

学名 *Micropercops swinhonis*

分类地位 鲈形目，沙塘鳢科，黄黝鱼属

所属类别 小型原生鱼类

小黄黝鱼（雌）

学名 *Micropercops swinhonis*

分类地位 鲈形目，沙塘鳢科，黄黝鱼属

所属类别 小型原生鱼类

八　河口和海洋鱼类

短颌鲚

学名 *Coilia brachygnathus*

分类地位 鲱形目，鳀科，鲚属

所属类别 河口和海洋鱼类

中国花鲈

学名 *Lateolabrax maculatus*

分类地位 鲈形目，狼鲈科，花鲈属

所属类别 河口和海洋鱼类

鲻

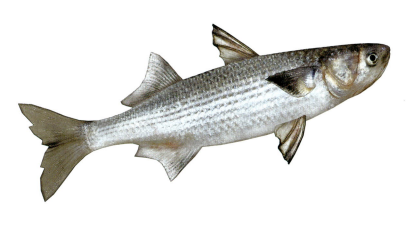

学名 *Mugil cephalus*

分类地位 鲻形目，鲻科，鲻属

所属类别 河口和海洋鱼类

鲅

学名 *Chelon haematocheilus*

分类地位 鲻形目，鲻科，龟鲅属

所属类别 河口和海洋鱼类

舌虾虎鱼

学名 *Glossogobius giuris*

分类地位 鲈形目，虾虎鱼科，舌虾虎鱼属

所属类别 河口和海洋鱼类

银鲳

学名 *Pampus argenteus*

分类地位 鲈形目，鲳科，鲳属

所属类别 河口和海洋鱼类

眼镜鱼

学名 *Mene maculata*

分类地位 鲈形目，眼镜鱼科，眼镜鱼属

所属类别 河口和海洋鱼类

布氏鲳鲹

| 学名 | *Trachinotus blochii* |

分类地位 鲈形目，鲹科，鲳鲹属

所属类别 河口和海洋鱼类

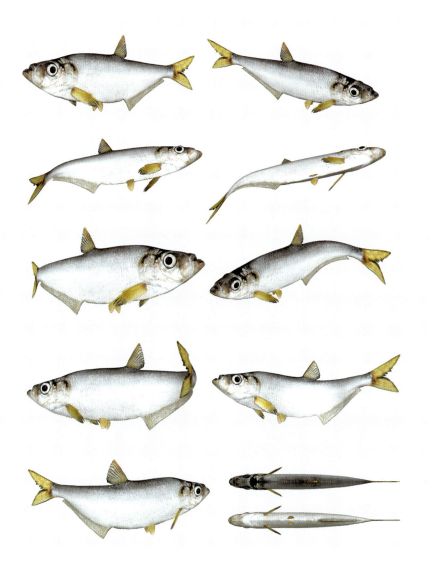

鳓

学名 *Ilisha elongata*

分类地位 鲱形目，锯腹鳓科，鳓属

所属类别 河口和海洋鱼类

金钱鱼

学名 *Scatophagus argus*

分类地位 鲈形目，金钱鱼科，金钱鱼属

所属类别 河口和海洋鱼类